纳唐科学问答系列

消防队

[法] 克里斯泰勒·沙泰尔 著
[法] 埃莱娜·孔韦尔 绘
杨晓梅 译

吉林科学技术出版社

LES POMPIERS
ISBN：978-2-09-255177-6
Text: Christelle Chatel
Illustrations: Helene Convert

吉林省版权局著作合同登记号：
图字 07-2020-0054

图书在版编目（CIP）数据

消防队 / (法)克里斯泰勒·沙泰尔著；杨晓梅译
. -- 长春 ： 吉林科学技术出版社， 2023.7
（纳唐科学问答系列）
ISBN 978-7-5744-0363-5

Ⅰ. ①消… Ⅱ. ①克… ②杨… Ⅲ. ①消防—儿童读
物 Ⅳ. ①TU998.1-49

中国版本图书馆CIP数据核字(2023)第078857号

纳唐科学问答系列 消防队
NATANG KEXUE WENDA XILIE XIAOFANGDUI

著　　者 [法]克里斯泰勒·沙泰尔
绘　　者 [法]埃莱娜·孔韦尔
译　　者 杨晓梅
出 版 人 宛　霞
责任编辑 赵渤婷
封面设计 长春美印图文设计有限公司
制　　版 长春美印图文设计有限公司
幅面尺寸 226 mm×240 mm
开　　本 16
印　　张 2
页　　数 32
字　　数 25千字
印　　数 1-6 000册
版　　次 2023年7月第1版
印　　次 2023年7月第1次印刷

出　　版 吉林科学技术出版社
发　　行 吉林科学技术出版社
地　　址 长春市福祉大路5788号
邮　　编 130118
发行部电话/传真 0431-81629529 81629530 81629531
81629532 81629533 81629534
储运部电话 0431-86059116
编辑部电话 0431-81629520
印　　刷 吉林省吉广国际广告股份有限公司

书　　号 ISBN 978-7-5744-0363-5
定　　价 35.00元

目录

欢迎来到消防局

消防员的每一天都很忙碌。他们要做运动，锻炼身体，时刻保持最佳状态；还要打扫消防车，检查材料与设备。

为什么消防员要做很多运动？

多做运动才能保持良好的体力，才能爬梯子、运送伤员等。消防员必须强壮又敏捷。

什么是木板测试？

是一种体能训练。每天1～2次，消防员要爬上距地面超过2米的木板，这就要求消防员的手臂力量很强！

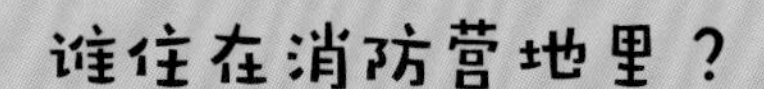

谁住在消防营地里？

有些消防员和家人住在消防营地的公寓里。不过，孩子不能去消防车区域玩耍，那里太危险了！

消防车的日常维护由谁负责？

消防员自己来保养、维护消防车。如果发现故障，他们要立刻修理。

图中的所有人都是职业消防员吗？

有些是，还有些是志愿者。也就是说，志愿者平常还有别的工作。

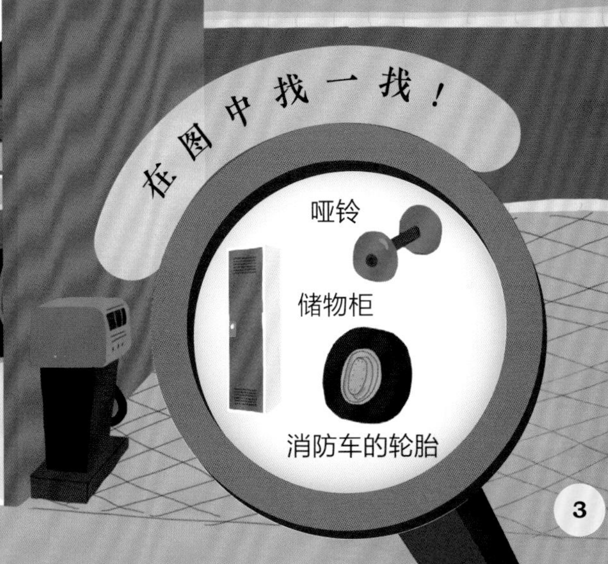

穿上制服，带全装备

消防营地的警铃声响了！面罩，手套，头盔，防火服……消防员总共只有两三分钟时间来穿上这些防护装备，然后就要出发了！

每个消防员都有自己的专属头盔吗？

没错，因为头盔要符合自己头部的大小，所以每个人都有自己的专属头盔。

为什么消防员要戴面罩？

可以保护脸部下方与颈部，在冬天还可以保暖。

消防员的鞋也是特制的吗？

是的。消防员的靴底很厚很强韧，直接踩在火苗或碎玻璃上也没事。

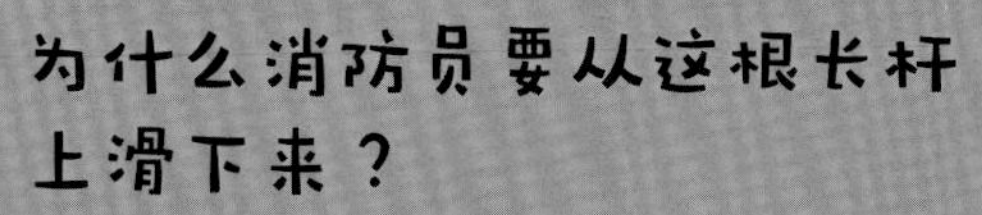

为什么消防员要从这根长杆上滑下来？

因为比起下楼梯，这样更快、更安全。

为什么他们还要戴手套？

消防手套很厚，能避免消防员在灭火或救援时受伤。

着火了

消防员们赶到着火点。消防车强劲的水柱在短短的几分钟内就将火扑灭了！

为什么消防车都装了警笛和警灯？

这是为了请其他社会车辆与行人让出通道，让消防员可以快速到达火灾现场！

几名消防员可以同时登上消防梯？

不超过两名消防员，他们之间要保持距离，绝不能太靠近。

消防云梯有多高？
一般消防云梯约50米高，相当于15层楼。
灭火的水来自哪儿？
消防车和路边的消防栓。消防员们需要连接消防栓，固定好水管。
为什么消防员还要向现场人员提问？
消防员需根据现场人员描述的情况做出相应的判断，从而进行灭火并安排救援人员。
在图中找一找！
警灯
消防栓
小狗

每一层都很危险

消防员必须详细了解火灾现场情况，明确是否有人被困以及着火原因，现场是否存在危险用品。做出合理判断后，迅速扑灭火情。

为什么消防员要拿着斧头？

如果有人被困住，消防员可以利用斧头破门而入。

为什么消防员要朝天花板喷水？

可以降低楼上房间的温度，避免高温在大楼里继续蔓延。

消防员的面罩有什么用？

这个面罩连接着氧气瓶，可以避免消防员吸入烟尘与有害气体。

4

一个房间里着火了要把门关上吗？

一定要！不然火势会更快在大楼里蔓延。

3

为什么消防员的衣服不会着火？

因为消防员的衣服是用特殊的材料制作的，不易燃，也耐高温。

车祸现场

这里发生了一起交通事故！消防员接到通知立刻赶到现场！在许多国家，消防员承担了第一时间救助伤者的责任。

消防员也是医生吗？

一般不是。不过在专业培训里，消防员们要学习急救知识，如何做人工呼吸、如何给伤口止血、如何处理骨折……

为什么消防员要放几个交通锥？

警示其他车辆：这里发生了一起车祸。交通锥代表了“这里有危险”。

为什么消防员要用大剪刀？

有时，事故车辆严重变形，车门卡住无法打开。这时，唯一的方法就是剪断钢板，救出受伤者。

消防员的背包里有什么？

救生毯、绷带、伤口消毒剂……背包一定会放在消防员触手可及的地方。

伤者会被带到哪里？

消防员会把伤者送往最近的医院。

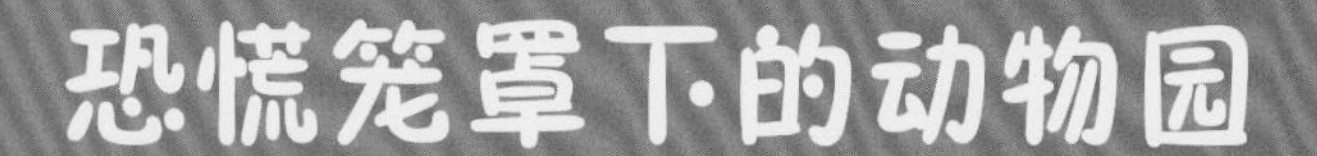

恐慌笼罩下的动物园

一场可怕的暴风雨过后，动物园里的树全都倒了下来，砸到了笼舍，许多动物都逃跑了。员工们立刻给消防局打电话，必须尽快把大大小小的动物关回笼子里。

消防员发射的是什么子弹？

子弹里有针头，可以将麻醉剂打进动物体内，让动物睡着。

爬行动物馆

消防员们用什么抓蛇？

用特制的大夹子。抓到蛇之后，要把蛇关进左下角的塑料箱里。

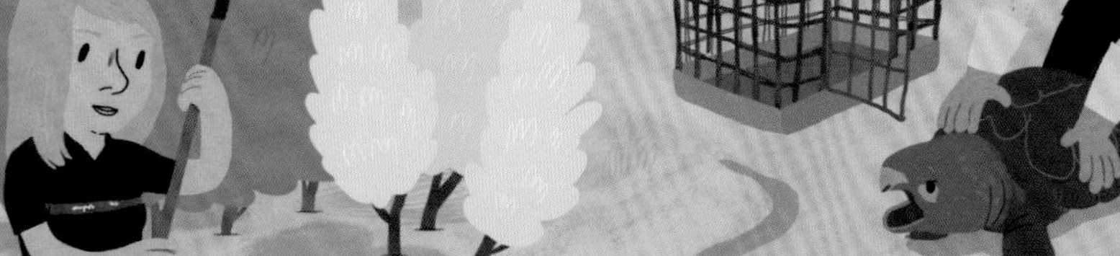

消防员在动物面前会害怕吗？

消防员受过训练，在危险面前能保持冷静。不过，他们也是和你一样的普通人，当然也会感到害怕！

有兽医消防员吗？

在法国有。兽医消防员要先学习兽医的相关知识，然后再成为消防员。

为什么这里有这么多消防员？

因为动物的行为不可预测。即使只是把一只袋鼠赶回笼子，也可能发生意外。人多力量大！

森林大火

夏天，森林里特别干燥，一个小火星与一阵强风可能就会酿成森林大火。消防员们常常要奋战好几个星期才能扑灭林火。

什么是灭火飞机？

这种飞机一次可装6000升水，飞往地面上难以接近的着火点，再将水从空中倾泻而下，起到灭火的作用。

消防飞行员与普通飞行员有什么不同？

消防飞行员必须擅长将飞机悬空停留在湖泊或海洋上方，这样才有足够的时间把飞机上的水仓加满。

为什么消防员背上的水管那么长？

森林里没有路，很多地方消防车无法靠近。这时，消防员们在工作时就要用几百米长的水管，才能将水送达着火点。

为什么飞机撒下了这些红色粉末？

红色粉末是一种“阻燃剂”。与水混合后再洒向还未着火的区域，可以大大延缓火势的蔓延。

与林火搏斗的消防员要戴特制头盔吗？

要。这些消防员的头盔更轻、更通风，可以更好地抵御森林大火产生的大量热气。

废墟下

地震过后，这栋房子倒塌了。消防员带着搜救犬赶来这里。他们要找出废墟下的所有人！

挖掘机的作用是什么？

可以清除玻璃、木头、石块……

搜救犬在废墟瓦砾上工作，危险吗？

危险，搜救犬可能会受伤，比如不小心踩到碎玻璃或钢筋。

消防员如何才能将废墟下的幸存者运出来？

首先要清除幸存者身边的杂物，留出空间。这项工作可能就要花好几个小时，然后再用绳索将幸存者固定好，慢慢地拉出来。

如何才能知道废墟下有没有幸存者？

消防员有特殊的耳机，可以听到人的心跳声。再加上搜救犬的协助，一定能发现所有幸存者！

搜救犬发现了幸存者，该如何通知消防员？

搜救犬会拼命地用爪子刨石头，还会吠叫。

洪水来袭

消防员们不仅要跟烈火搏斗，还要抗击洪灾！暴雨之后，河水泛滥，把这座小村庄淹没了。

为什么有些消防员穿着潜水衣？

因为有时消防员要跳入水中救出受困的灾民或动物，比如下图这头可怜的牛。

如何救下屋顶上的灾民？

消防员有时用梯子，有时要自己爬上屋顶把人背下来。

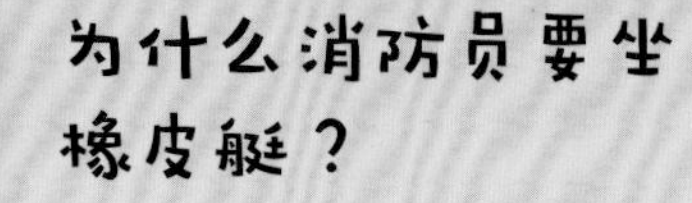

为什么消防员要坐橡皮艇？

这样才能在积水深的地方通行。

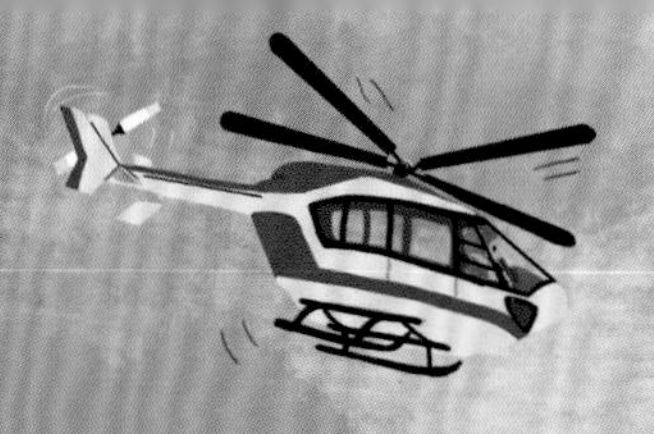

为什么消防员要拿着喇叭？

通过喇叭喊话可以安抚受困的人，让他们知道马上就能获救。

消防员要如何救这个困在车顶的人？

一个消防员给困在车顶的人穿好救生衣，将救生绳索固定在他的背上，再用绳索在他的胳膊上绕一圈，确保绳索肯定不会松开。岸上消防员的任务是拉绳索，将这个人拉到岸上。

在图中找一找！

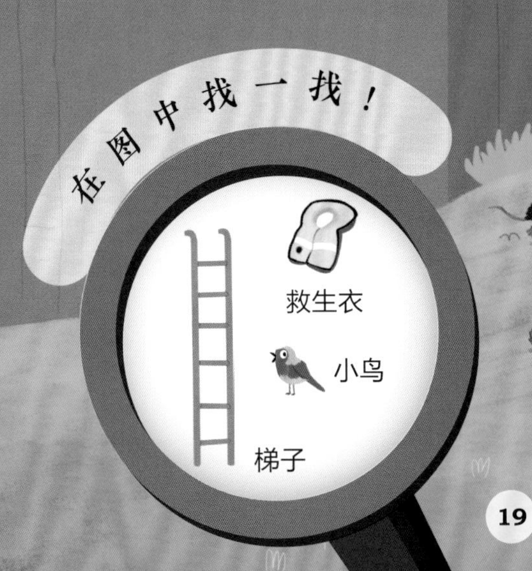

海上火灾

即使在到处都是水的地方，也会发生火灾。小船大船都可能着火。这时，海上消防员要紧急出动，尽量减少着火船只的损失。

为什么海上消防员灭火时多用泡沫？

因为水很重，可能导致消防船翻船。泡沫很轻，但灭火效果一样好。

这是什么船？

消防船，装载了消防炮，可以喷出水或泡沫来灭火。

什么是橡皮船？

是一种充气船，可以接近着火的船只，救出乘客。

为什么还有直升机？
可以转移船上的伤员，用最快速度将他们送到医院。
船上的乘客发现着火后要如何报警？
乘客可以用无线电与救援中心联络。海上消防员随时待命，一有状况立刻出发！
在图中找一找！
救生圈
灯塔
消防炮

高山雪崩

一位滑雪者摔断了腿，护送伤员的一行人在前往救援中心的路上突遇雪崩。幸运的是，即便在高山上，消防员也能赶到！

什么是雪橇摩托？

是一种小型车辆。摩托前方装备有履带和雪橇板，可以在雪地上灵活移动。

消防员会滑雪吗？

会。冬天的高山上，滑雪是最方便快速的交通方式。

什么是救生毯？

是一种特殊的毯子，一面是金色。消防员给伤员披上救生毯，这样更保暖。

为什么消防员要使用担架？

为了转移伤员。

在雪山上，消防员有特殊的装备吗？

有，消防员要穿攀岩鞋，攀岩鞋可以紧紧抓住岩石。另外，消防员还要戴上绳索，可以在悬崖一侧上上下下。

你知道吗？

为什么这辆消防车有两个驾驶室？

2000年，德国奔驰汽车公司为狭长的勃朗峰隧道专门设计了这款双头消防车，可以双向行驶。这样，车辆掉头时无需转弯，只要司机下车换个驾驶室就好了。

消防车被发明出来后才有了消防员吗？

不是的，消防员这个职业存在了成百上千年，比汽车发明的时间要早得多。从前，消防员出动时乘坐的是马车。

为什么这辆消防车没有轮子？

在雪地里，只有依靠履带，车辆才能前进。如果是轮子，车会陷在雪里，无法动弹。

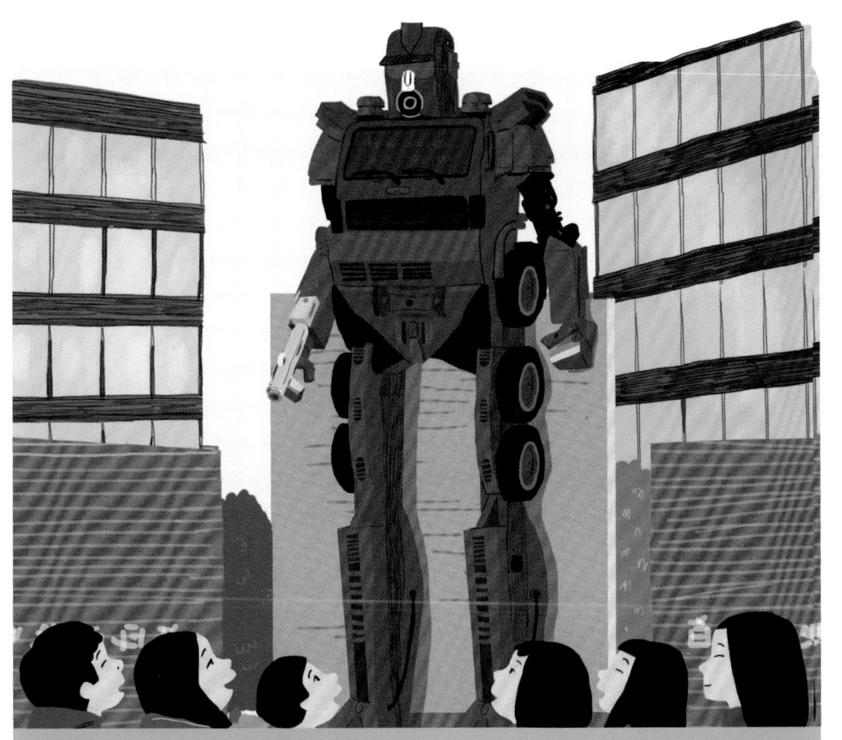

这个奇怪的机器人是什么？

2010年，在中国的一座城市，人们用两辆消防车拼搭出了这个高达12米的机器人。

消防员会使用跑车吗？

在俄罗斯，消防员用跑车来运送药物和伤患。

海边的消防员要驾驶特殊的车辆吗？

当然，像图中的这辆车就是巴西消防员日常使用的。巴西许多城市拥有漫长的海岸线，这种车可以适应普通道路与沙滩。

打什么电话才能联系到消防员？

119。接线员会提问，获取关键信息后马上报给消防员，让他们即刻出动。

消防员连睡觉也要留在营地里吗？

值班的消防员要留在消防营地内，随时准备出警。睡觉时也不能换衣服。如果发生火灾，他们就能第一时间前往救援。

在不同的国家，消防员的头盔也不一样吗？

没错，不同国家的消防员有不同的制服与头盔。

美国消防头盔

日本消防头盔

消防员戴着头盔要如何交流呢？

消防员的头盔里有通信设备，可以听到队长的指令，也可以回答。

消防云梯是怎么操控的？

消防云梯底部有控制台，一名消防员负责操作。他可以控制梯子升高或下降，左偏或右移。

为什么消防车是红色的？

这样我们就能一眼将消防车与其他车辆区别出来。

浓烟会阻碍消防员的视野吗？

不会，消防员配备红外热像仪，能捕捉人体温度，在屏幕上显示出人的位置。

为什么消防服上有荧光条？

有了荧光条，即使在浓烟里或暗处，其他人也能远远发现他们。

这种白顶的是什么车？

在法国，这种车是消防员专用车，里面有很多医疗设备，与医院的救护车功能一样。

事故现场还会出现其他车吗？

有时还有警车。如果伤者需要立刻得到治疗，救护车也会赶到现场！

这种防护衣有什么作用？

避免被性情凶猛的动物咬伤。

为什么这个消防员要骑摩托车？

摩托车可以更轻松地前往森林的各个角落，全面监控火情。

为什么消防员要把某些动物放在担架上？

和人一样，动物也会受伤，要用担架把它们送往动物医院。

有伞兵消防员吗？

在美国有，森林火灾发生时，他们能比地面部队更快到达着火点，在火场外围挖壕沟，阻止火势蔓延。

哪些品种的狗才能当搜救犬？

德国牧羊犬、马里努阿犬等。搜救犬的个头不能太大，也不能太小，还要有特别发达的嗅觉。

如何训练搜救犬？

有专门的训练基地和训练师。在这里，狗狗要学习很多技能，比如如何穿过狭窄的通道。

这是什么机器？

抽水机。粗粗的管子可以把积水抽走。

这种情况下，消防员要穿特殊的靴子吗？

他们要穿能盖住整条腿的长靴。这样可以避免弄湿衣服或触电。

漂浮围栏的作用是什么？

翻船时，可能发生石油泄露。为了避免石油扩散、污染更广的海域，消防员们会使用漂浮围栏。

为什么水上消防员们有时会驾驶摩托艇？

可以更快靠近起火船只或溺水者。这种摩托艇有时配备担架。

什么是雪崩搜救犬？

搜救犬经过特殊训练，专门用于搜救雪下的被困者，它们的嗅觉极其发达。